全国职业院校"十二五"土建类专业系列规划教材

总主编◎张齐欣

建筑工程测量实训指导书

JIANZHU GONGCHENG CELIANG SHIXUN ZHIDAOSHU

主　编/陈陆龙　姚　衎
副主编/李　玉　赵路青

合肥工业大学出版社

图书在版编目(CIP)数据

建筑工程测量实训指导书/陈陆龙,姚衔主编．—合肥:合肥工业大学出版社,2014.8(2019.9 重印)

ISBN 978-7-5650-1908-1

Ⅰ.①建… Ⅱ.①陈…②姚… Ⅲ.①建筑测量—高等职业教育—教学参考资料 Ⅳ.①TU198

中国版本图书馆 CIP 数据核字(2014)第 188040 号

建筑工程测量实训指导书

陈陆龙 姚 衔 主编　　责任编辑 张择瑞

出 版	合肥工业大学出版社		**版 次**	2014 年 8 月第 1 版
地 址	合肥市屯溪路 193 号		**印 次**	2019 年 9 月第 3 次印刷
邮 编	230009		**开 本**	787 毫米×1092 毫米 1/16
电 话	理工图书编辑部:0551-62903204		**印 张**	6
	市场营销部:0551-62903198		**字 数**	135 千字
网 址	www.hfutpress.com.cn		**印 刷**	合肥现代印务有限公司
E-mail	hfutpress@163.com		**发 行**	全国新华书店

ISBN 978-7-5650-1908-1　　定价:20.00 元

总　　序

当前，职业教育正处在逐步规范、有序、快速发展时期，国家已经颁布高职院校专业标准，中职院校的专业标准也行将出台，各省紧随其后，专业教学标准和教学指导方案呼之欲出，课程标准也在逐步制订、修改和完善中。教材作为职业教育改革的重要工具，其教学地位也越来越引起职业院校的高度重视。

建筑业作为我国国民经济的支柱产业，建筑类职业人才培养问题显得尤为突出。作为一种劳动密集型产业，建筑业本身就存在人员流动大、技能和整体素质偏弱的结构性缺陷。随着计划经济向市场经济的转变，建筑类企业也热衷将更多的精力用于从事生产和经营，人才培养问题往往被边缘化，当发展到一定规模，缺乏技能操作型、高层次和复合型人才常常成为制约企业发展的瓶颈。美国管理大师德鲁克就认为："所谓企业管理最终就是人力管理，人力管理就是企业管理的代名词。"可以说，从业人员素质的高低，直接影响到建筑产品质量的最终形成；支撑企业发展和壮大的核心，最终还是人才的力量。因此，在人才强企已成共识的背景下，职业能力的培养显得越来越重要。

近年来，全国建筑类职业院校积极探索教育教学改革，不断创新教育教学模式，采取"走出去、请进来"的办法，开展"工学结合、校企合作"，建立"双师素质"教师队伍，改革传统教学方法，广泛采用项目化教学、案例教学、多媒体教学、现场教学、仿真教学等手段，促进学生综合职业能力的提高，努力实现学生"零距离"上岗。

依据《国家中长期人才发展规划纲要(2010—2020年)》、教育部和住建部《关于实施职业院校建设行业技能型紧缺人才培养培训工程的通知》等文件的有关要求，结合国家相关专业教学指导方案，我们组织国内长期从事土建类职业教育的专家、一线专业教师和建设行业从业人员编写了本套教材。系列教材采用"以就业为导向、以能力为本位、以提高综合素质为目的"的教育理念，按照"需求为主、够用为度、实用为先"的原则进行编写。

系列教材的主要特点是：(1)改革了传统的以知识传授为主的编写方式，结合工程实际，采用"教材内容模块化、教学方式项目化"，即以工程项目、工作任务、工作过程、职业岗位、职业范围、职业拓展为主线进行编写，突出"做中学、学中做、做中教"的职业特色，充分体现"以教师为引导、学生为主体"的原则，以实现三大目标：知识目标、能力目标、素质目标。(2)教材的编写还注重结合现行专业标准、专业规范要求，内容上注重体现“新技术、新方法、新设备、新工艺、新材料”。(3)教材结构体系上注重实现“专业与产业、企业、岗位对接；课程内容与职业标准对接；教学过程与生产过程对接；学历证书与职业资格证书对接；职业教育与终身学习对接”的新教学理念，最终落脚点是促进学生的职业生涯发展，适应新经济环境下的职业教育发展大趋势。(4)本系列教材设计新颖、内容生动，由浅入深、循序渐进，采用图表结合的方式，直观明了、形象具体和贴近实际，易于教学和自学。

该套系列教材在理论体系、组织结构和表现形式方面均作了一些新的尝试，以满足不同学制、不同专业、各类建筑类培训和不同办学条件的教学需要。同时，该系列教材的出版，希望能为全国土建类职业院校的发展和教学质量的提高以及人才培养产生积极的作用，为我国经济建设和人才培养做出应有的贡献，也希望有关专家、学者以及广大读者多提宝贵意见和建议，使之不断完善和提高。

张齐欣

2014 年 7 月

前　言

《建筑工程测量实训指导书》是与本系列教材《建筑工程测量》相配套的实训教材，按照建筑工程从开工到竣工的全过程所需的工程测量实训需要进行编写，本教材突出工程实践要求，强化实践技能，并且对工程测量实训进行系统性地归纳和总结。

本实训指导在编写内容上，采用由浅入深、由简到繁的训练方式，根据不同仪器和测量工具，结合工程实际，制订相关实训教学内容，训练基本技能，逐步提高建筑工程测量的应用能力。

建筑工程测量实训指导内容包括四个方面：一是工程测量仪器和设备，二是实践操作技能，三是实训内容与要求，四是实训考核与鉴定。主要培养学生掌握工程测量相关知识和操作技能，为后续专业课的学习奠定基础。

本书由安徽建工技师学院、安徽建设学校陈陆龙、姚衍担任主编，副主编为安徽建工技师学院、安徽建设学校李玉、赵路青。参编人员有：安徽建工技师学院、安徽建设学校陆飞虎、陈诚等老师。安徽建工技师学院、安徽建设学校陈陆龙对全书进行了统稿和审核。本书在编写过程中参考了相关文献、资料，在此向这些文献、资料和书籍的作者表示感谢。

由于编者水平有限，书中难免存在不足之处，敬请广大读者批评指正。

编　者

2014 年 7 月

目　　录

实训课题一　水准仪的认识与使用

一、实训目的与要求

1. 掌握水准仪的基本构造和功能。
2. 了解水准仪的结构特点。
3. 掌握水准仪安置的工作步骤。
4. 掌握水准尺的分划特征并练习读数。

二、仪器和工具

水准仪和水准尺。

三、实训内容

1. 练习水准仪的安置。
2. 认识水准仪的构造名称和使用方法。
3. 进行水准仪基本操作步骤练习。
4. 练习利用水准仪进行水准尺读数。

四、实训步骤

1. 安置仪器

选择一个合适的位置将三脚架打开，使其高度在胸口上 2cm 附近，架头大致水平，并将脚尖踩入土中，轻轻踩实，然后用连接螺旋将仪器连接在三脚架上。注意：开箱取仪器时应注意观察仪器在箱中放置的位置以使用完放回。

2. 认识仪器

了解仪器各部件的名称作用并熟悉其使用方法。同时熟悉水准尺的注记方式，熟练准确地进行读数。

3. 粗略整平

先对向转动两只脚螺旋，使圆水准器气泡移动至水准器中心线位置，使气泡、圆水准器的圆圈及另一脚螺旋大致呈一直线，再转动另一脚螺旋，使气泡移至居中位置。

4. 调焦和照准

将望远镜对准明亮的地方转动目镜调焦螺旋，使十字丝清晰；转动仪器，用准星和照门瞄准一方的水准尺，转动微动螺旋，使水准尺成像在十字丝交点处。当成像不太清晰时，转动物镜对光螺旋，消除视差，使目标清晰，如目标较远，则物镜对光螺旋向后转动；如目标较近，则物镜对光螺旋向前转动。

5. 读数

用中丝在水准尺上读取米、分米、厘米，估读毫米，即读出四位有效数字。读数后交换同学读数并相互比较，如果同学间读数差值在±5mm内再换个位置继续练习。

五、注意事项

1. 将水准仪脚螺旋调到可上可下的中间位置，三脚架头应大致水平，仪器安放到三脚架头上，必须旋紧连接螺旋，使连接牢固。

2. 转动脚螺旋可使水准仪粗略整平。转动脚螺旋时要用“气泡移动的方向与左手拇指的旋转方向一致”的原则进行。

3. 瞄准目标必须消除视差；水准尺必须扶竖直；掌握标尺刻划规律；读数应由刻划顺序读取（不管上下，只管由小到大）。

4. 在水准尺上读数时，符合水准器中气泡必须居中。精确整平时，微倾螺旋的转动方向与左侧半气泡影像的移动方向一致。

六、学时分配

2学时

七、实训结果

1. 实训内容总结

2. **原始记录数据**

日期____________ 天气_________ 班级___________ 小组___________

仪器型号_________ 地点_________ 观测者_________ 记录者_________

水准仪构造名称	作用及使用方法
水准仪圆水准气泡	
三脚架	
水准仪外瞄准器	
水准仪制动和微动螺旋	
望远镜目镜调焦螺旋	
望远镜物镜调焦螺旋	
脚螺旋	

八、成绩评定

<table>
<tr><td rowspan="2">教师评定</td><td colspan="2">组长评定</td><td colspan="2">组员评定</td><td colspan="2">本人自评</td></tr>
<tr><td>能力</td><td>态度</td><td>能力</td><td>态度</td><td>能力</td><td>态度</td></tr>
<tr><td></td><td></td><td></td><td></td><td></td><td></td><td></td></tr>
</table>

实训课题二　高差测量

一、实训目的与要求

1. 熟练掌握水准仪的操作步骤。
2. 熟练掌握水准仪读数的方法，并保证准确率。
3. 学会利用前后视读数法测量两点的高差。

二、仪器和工具

水准仪1套、水准尺2把。

三、实训内容

1. 熟练掌握水准仪的读数步骤。
2. 练习前后视法测量高差。
3. 练习视线高程法测量高差。

四、实训步骤

1. 测点选择

根据指导教师给定的位置作为水准点，另外每组再找10个待测点，分别派两个同学去扶水准尺。

2. 安置水准仪

在两个指定的位置中间安置仪器，打开三脚架并使高度适中，目估使架头大致水平，检查脚架腿是否安置稳固、脚架伸缩螺旋是否拧紧，然后打开仪器箱取出水准仪，置于三脚架头上，用连接螺旋将仪器牢固地连在三脚架头上。

3. 整平、瞄准水准尺

首先进行目镜对光，即把望远镜对着明亮的背景，转动目镜对光螺旋，使十字丝清晰。再松开制动螺旋，转动望远镜，用望远镜筒上的照门和准星瞄准已知水准点上的水准尺，拧紧制动螺旋。然后从望远镜中观察；转动物镜对光螺旋进行对光，使目标清晰，再转动微动螺旋，使竖丝对准水准尺。当眼睛在目镜端上下微微移动时，若发现十字丝与目标影像有相对运动，这种现象称为视差。产生视差的原因是目标成像的平面和十字丝平面不重合。由于视差的存在会影响到读数的正确性，必须加以消除。消除的方法是重新仔细地进行物镜对光，直到眼睛上下移动，读数不变为止。此时，从目镜端见到十字丝与目标的像都十分清晰。

4. 读数

用十字丝的中丝在尺上分别读取水准点和各测量点的读数。先估读毫米数，然后报出全部读数。

5. **记录**

按照下表的要求进行记录测量数据。

6. 按照同样的操作方法瞄准待测点水准尺并分别读取水准尺读数并记录在表格中。

7. 按照两种不同的记录、计算方法计算出10个待测点的高程值。

五、注意事项

1. 前后视距尽量保持相等。
2. 读数前注意消除视差。
3. 寻找目标时应先外部再内部。
4. 操作仪器时不能骑跨脚架。

六、学时分配

2学时

七、实训结果

1. 实训内容总结

2. 原始记录数据

(1)高差法

日期________________ 天气____________ 班级______________ 小组______________

仪器型号____________ 地点____________ 观测者____________ 记录者____________

测站	测点	后视读数(m)	前视读数(m)	与BM间高差(m)	高程(m)	备注
I	BM		——	——		已知水准点
	1	——				待定水准点
	2	——				待定水准点
	3	——				待定水准点
	4	——				待定水准点
	5	——				待定水准点
	6	——				待定水准点
	7	——				待定水准点
	8	——				待定水准点
	9	——				待定水准点
	10	——				待定水准点

(2)视线高程法

日期________________ 天气____________ 班级______________ 小组______________

仪器型号____________ 地点____________ 观测者____________ 记录者____________

测站	测点	后视读数(m)	前视读数(m)	视线高程(m)	高程(m)	备注
I	BM		——		20.354	已知水准点
	1	——				待定水准点
	2	——				待定水准点
	3	——				待定水准点
	4	——				待定水准点
	5	——				待定水准点
	6	——				待定水准点
	7	——				待定水准点
	8	——				待定水准点
	9	——				待定水准点
	10	——				待定水准点

八、成绩评定

教师评定	组长评定		组员评定		本人自评	
	能力	态度	能力	态度	能力	态度

实训课题三　闭合水准路线测量

一、实训目的与要求

1. 进一步熟悉水准仪的操作方法。
2. 提高读数的速度和精度。
3. 掌握闭合水准路线的布设方法和测量注意事项。
4. 掌握闭合水准路线的记录和计算的方法。

二、仪器和工具

水准仪 1 套、水准尺 2 把。

三、实训内容

1. 学习闭合水准路线的布设方法。
2. 学习闭合水准路线的测量、记录、计算。

四、实训步骤

1. 人员分工

2 人扶尺，1 人观测，1 人记录，4 人共同完成一条闭合水准线路的测量、记录工作，回去单人计算。每人至少观测一站，轮换进行。

2. 路线选择

首先选定一个已知高程点 BM_1，作为闭合水准线路的已知起始水准点(假定该点高程为 30m)，再选定 4～6 个待求高程点，要求点与点之间的距离必须在 50m 以上。

3. 一站观测步骤

在水准点和第一个待测点立尺，在距前视点与后视点正中位置架设水准仪，整平、照准后尺、调焦、消除视差、读数、记录，读完后尺读数，紧接着照准前尺，用同样的方法读取前尺读数。至此一测站水准测量完毕。

4. 同上步骤叙述的方法依次测完全部的闭合水准线路。

5. 观测时要求观测人员读出数据时，观测人员应声音洪亮，吐字清晰，记录员要重复观测员的读数，经观测员默许后方可记录表格中。

6. 观测结束后，立即算出闭合差 $f_h=\sum h_i$。如果 $f_h \leqslant f_{h容}$(按课本查找)说明观测成果合格，既可算出各点高程。否则，要分析原因，重新进行观测。

五、注意事项

1. 借领的仪器及工具在实验过程中要保管好，防止损坏或丢失。

2. 观测员读数必须读出四位(米、分米、厘米、毫米),记录员必须记满四位,“0”不可省略,不读小数点。

3. 水准尺不能前后左右倾斜,临时转点须放置尺垫。

4. 记录员记录数据严禁涂改、转抄,必须用2H铅笔记录,字迹工整。

5. 水准仪距前、后尺距离应尽量相等,以消除或减少仪器 i 角误差及地球曲率和大气折光的影响。

6. 水准尺必须有人看管扶持,并注意防止碰到电线。

六、学时分配

4 学时

七、实训结果

1. 实训内容总结

2. **原始记录数据**

日期__________ 天气__________ 班级__________ 小组__________

仪器型号__________ 地点__________ 观测者__________ 记录者__________

测点	后视读数 *a*	前视读数 *b*	高差		高程（m）	备注
			+	−		
$\sum$						

八、成绩评定

教师评定	组长评定		组员评定		本人自评	
	能力	态度	能力	态度	能力	态度

实训课题四　往、返水准路线测量

一、实训目的与要求

1. 进一步熟练水准仪的操作方法。
2. 练习读数的速度和精度。
3. 掌握往、返水准路线的布设方法和测量注意事项。
4. 掌握往、返水准路线的记录和计算的方法。

二、仪器和工具

水准仪 1 套、水准尺 2 把。

三、实训内容

1. 学习往、返水准路线的布设方法。
2. 学习往、返水准路线的测量、记录、计算。

四、实训步骤

1. 人员分工

2 人扶尺，1 人观测，1 人记录，4 人共同完成一条往、返水准线路的测量、记录工作，回去单人计算。每人至少观测一站，轮换进行。

2. 路线选择

首先选定一个已知高程点 BM_1，作为往、返水准线路的已知点(假定该点高程为 20m)，再选定一个待求高程点。

3. 一站观测步骤

在水准点和待测点方向上选择一个转点立尺，在两水准尺中间架设水准仪，整平、照准后尺、调焦、消除视差、读数、记录，读完后尺读数，紧接着照准前尺，用同样方法读取前尺读数。至此一测站水准测量完毕。

4. 同上步骤叙述的方法依次测完全部的闭合水准线路。

5. 观测时要求观测人员读出数据时，声音洪亮，吐字清晰，记录员要重复观测员的读数，经观测员默许后方可记录表格中。

6. 观测结束后，立即算出闭合差 $f_h=\sum h_{往}+\sum h_{返}$。如果 $f_h\leqslant f_{h容}$，说明观测成果合格，既可算出各点高程。否则，要分析原因，从新进行观测。

五、注意事项

1. 往、返路线应选择不同的路线。

2. 观测员读数必须读出四位（米、分米、厘米、毫米），记录员必须记满四位，“0”不可省略，不读小数点。

3. 水准尺要扶直，临时转点要放置尺垫。

4. 记录员记录严禁涂改、转抄，必须用 2H 铅笔记录，字迹工整。

5. 水准仪距前、后尺距离应尽量相等，以消除或减少仪器 i 角误差及地球曲率和大气折光的影响。

6. 水准尺必须有人看管扶持，并注意防止碰到高、低压电力线。

7. 转点应注意必须等后视读完才能挪动。

六、学时分配

4 课时

七、实训结果

1. 实训内容总结

2. **原始记录数据**

日期__________ 天气__________ 班级__________ 小组__________

仪器型号__________ 地点__________ 观测者__________ 记录者__________

测点	后视读数 *a*	前视读数 *b*	高差		高程 （m）	备注
			+	−		
$\sum$						

八、成绩评定

教师评定	组长评定		组员评定		本人自评	
	能力	态度	能力	态度	能力	态度

实训课题五　双仪高法水准支线测量

一、实训目的与要求

1. 掌握双面尺的读数方法。
2. 掌握双仪高法的记录、计算方法和要求。
3. 熟悉双面尺的规范要求。

二、仪器和工具

每组 DS_3 型水准仪 1 台、红黑双面水准尺一对、尺垫 2 个。

三、实习内容

1. 练习双面尺的读数方法。
2. 练习单测站检核的方法。
3. 练习双仪高法的记录、计算方法。

四、实训步骤

1. 人员分工

2 人扶尺，1 人观测，1 人记录，4 人共同完成一条闭合水准线路的测量、记录工作，回去独立完成计算工作。每人至少观测一站，轮换进行。

2. 路线选择

根据知道教师给定的水准点，作为闭合水准线路的起点(高程为 20m)。在实验场地选择一条闭合水准路线，中间设置三个坚固点 A、B、C 作为临时水准点，从已知水准点出发，测定 A、B、C 点高程，并测回到已知水准点，组成闭合水准路线。对闭合差进行调整，求出待定点高程。

3. 每测站的工作

安置水准仪，使离前后尺距离尽可能相等，整平。瞄准后视尺黑面，精平后读数再瞄准后视尺红面读数，计算看是否满足限差要求；若不满足则重新测量，获得满足要求的黑红面读数；再瞄准前视尺红面读数，瞄准前视尺黑面，精平后读数，计算看是否满足限差要求；若不满足则重新测量，获得满足要求的黑红面读数。

4. 测站检核

分别由黑面和红面计算高差，进行限差比较，若不满足则重新测量，若满足则取二者平均值作为最终高差。

五、注意事项

1. 红黑双面尺两个为一对，常数分别是 4.787 和 4.687，必须成对使用。
2. 每测站观测完毕，要立即进行计算和校核，符合要求后方可搬站。否则，需要重测。
3. 如果采用双仪高法两次的仪高差值应大于 10cm。
4. 读数顺序应采用黑、红、红、黑的顺序。

六、学时分配

4 课时

七、实训结果

1. 实训内容总结

2. **原始记录数据**

日期_______________ 天气___________ 班级____________ 小组_____________

仪器型号___________ 地点___________ 观测者___________ 记录者___________

测站	测点	后视读数	前视读数	高 差(m)	平均高差(m)	高　程(m)	备注
		—					
			—				
		—					
		—					
			—			—	
		—					
			—				
		—					
			—			—	
		—					
			—				
		—					
			—			—	
		—					
			—				
		—					
			—			—	
		—					
			—				
		—					
			—			—	
		—					
			—				
		—					

计算检核	略图
计算检核：$\sum h =$ $\sum (h/2) =$ $F_h = \pm 30\sqrt{L} =$ $\sum a - \sum b =$	略图

八、成绩评定

教师评定	组长评定		组员评定		本人自评	
	能力	态度	能力	态度	能力	态度

实训课题六　四等水准测量

一、实训目的与要求

1. 进一步掌握水准仪的功能。
2. 掌握四等水准测量的读数方法。
3. 掌握水准仪安置的工作步骤。
4. 熟练四等水准测量的外业计算。

二、仪器和工具

水准仪和红黑双面水准尺。

三、实训内容

1. 练习四等水准测量每站测站点的安置。
2. 练习四等水准测量读数、记录方法。
3. 进行完整的四等水准测量路线练习。

四、实训步骤

1. 人员分工

两人扶尺，一人观测，一人记录，四人共同完成一条由四个测段组成的闭合水准路线测量、记录工作，内业四人分别计算。每人至少观测一个测段，轮换进行。

2. 路线选择

首先选定一个已知高程点 A_1，作为四等水准线路的已知点(假定该点高程为 20m)，再选定三个待求高程点。

3. 一站观测步骤

找到适当转点，在测站点和转点架立水准尺，利用数步或视距丝测量前后视距，将水准仪安置在两水准尺中间位置。观测者按后(黑)— 后(红)— 前(黑)— 前(红)的顺序分别读取四个读数，记录员回报数据确认无误后记录在外业表格上，然后进行一站计算。计算完毕高差符合要求方可迁站。

4. 同上步骤叙述的方法依次测完全部的闭合水准线路，每个人连续观测一个测段。

5. 观测结束后，立即算出闭合差 $f_h = \sum h$。如果 $f_h \leqslant f_{h容}$，说明观测成果合格，既可进行内业计算，求出各点高程。否则，要分析原因，重新进行观测。

五、注意事项

1. 每个测段必须以偶数站测量，一个测段由一名同学独立观测，一名同学记录并独立计算外业数据，计算结果合格方可迁站。

2. 严格遵循后（黑）—后（红）—前（黑）—前（红）的读数顺序，红黑面读数差和高差之差符合 3mm 和 5mm 的限值。

3. 每站应当在计算完毕无误后，后尺手才能进行迁站。

4. 每站前后视距差应当符合 5m 限值，累计视距差应不超过 10m。

六、学时分配

2 学时

七、实训结果

1. 实训内容总结

2. **原始记录数据**

日期__________ 天气__________ 班级__________ 小组__________

仪器型号__________ 地点__________ 观测者__________ 记录者__________

C	后视 上丝	前视 上丝	方向尺号	标尺读数(mm)		K+黑减红(mm)	高差中数(mm)	备注
	后视 下丝	前视 下丝		黑面	红面			
	后距(m)	前距(m)						
	视距差 d	$\sum d$						
1			后					
			前					
			后一前					
2			后					
			前					
			后一前					
3			后					
			前					
			后一前					
4			后					
			前					
			后一前					
5			后					
			前					
			后一前					
6			后					
			前					
			后一前					
7			后					
			前					
			后一前					

辅助计算：

3. **测量成果计算表**

测段	距离 D（测站数 n）	实测高差 h（m）	改正数 v（mm）	改正后高差 $\bar{h}=h+v$（m）	最后高程 H（m）	备注
$\sum$						

4. **测量成果表**

点 号	使用高程(m)	点 位 描 述	备 注

八、成绩评定

教师评定	组长评定		组员评定		本人自评	
	能力	态度	能力	态度	能力	态度

实训课题七　水准仪的检验

一、实训目的与要求

1. 熟悉水准仪的常规检验项目。
2. 了解水准仪的轴线关系。
3. 掌握水准仪的检验方法。

二、仪器和工具

每组 DS_3 型水准仪 1 台、水准尺 2 根、尺垫 2 个、小改锥 1 把、校正针 1 根、记录板 1 块。

三、实训内容

1. 检验圆水准器轴是否平行于仪器竖轴。
2. 检验水准管轴是否平行于仪器视准轴。
3. 进行仪器的一般性检查。
4. 检查十字丝横丝是否垂直于仪器竖轴。

四、实训步骤

1. 一般性检验

检查三脚架是否稳固，检查制动和微动螺旋、微倾螺旋、对光螺旋、脚螺旋转动是否灵活有效，记录在实验报告中，然后安置水准仪。

2. 圆水准器轴线平行于仪器竖轴的检验

检验：转动脚螺旋，使圆气泡居中，将仪器绕竖轴旋转至 180°，若气泡仍居中，说明此条件满足，否则需校正。

3. 十字丝横丝(中丝)垂直于仪器竖轴的检验

检验：用十字丝横丝一端瞄准细小点状目标，转动微动螺旋，使其移至横丝的另一端。若目标始终在横丝上移动，说明此条件满足，否则需要校正。

4. 水准管轴平行于视准轴的检验

检验：在较平坦的地面上选 A、B 两点，相距约 60～80m，各点钉木桩(或放置尺垫)立水准尺。安置水准仪于距 A、B 两点等距离处，用变动仪器高(或双面尺)法正确测出 A、B 两点高差，两次高差之差不大于 3mm 时，取其平均值，用 h_{AB} 表示。再在 A 点附近 2～3m 处安置水准仪，分别读取 A、B 两点的水准尺读数 a_2、b_2，应用公式 $b_2'=a_2+h_{AB}$ 求得 B 尺上的水平视线读数。若 $b_2=b_2'$，则说明水准管轴平行于视准轴，若 $b_2\neq b_2'$ 应计算 i 角，当 i 角>

20″时需要校正。计算 i 角的公式为：

$$i=\frac{|b_2-b_2'|}{D_{AB}}\rho''$$

式中：D_{AB}——A、B 两点间距离；$\rho''=206265$。

五、注意事项

要按照实验步骤进行检验。

六、学时分配

2 课时

七、实训结果

1. 实训内容总结

2. **原始记录数据**

日期＿＿＿＿＿＿＿ 天气＿＿＿＿＿ 班级＿＿＿＿＿＿ 小组＿＿＿＿＿＿

仪器型号＿＿＿＿＿ 地点＿＿＿＿＿ 观测者＿＿＿＿＿ 记录者＿＿＿＿＿

(1)一般性检验

三脚架：＿＿＿＿＿＿＿＿＿＿＿＿＿＿＿＿＿＿＿＿

制动、微动螺旋：＿＿＿＿＿＿＿＿＿＿＿＿＿＿＿＿

微倾螺旋：＿＿＿＿＿＿＿＿＿＿＿＿＿＿＿＿＿＿

对光螺旋：＿＿＿＿＿＿＿＿＿＿＿＿＿＿＿＿＿＿

脚螺旋：＿＿＿＿＿＿＿＿＿＿＿＿＿＿＿＿＿＿＿

望远镜成像：＿＿＿＿＿＿＿＿＿＿＿＿＿＿＿＿＿

目镜调焦螺旋：＿＿＿＿＿＿＿＿＿＿＿＿＿＿＿＿

水准尺：＿＿＿＿＿＿＿＿＿＿＿＿＿＿＿＿＿＿＿

(2)圆水准器的检验

检验(旋转望远镜 180°)次数	气泡偏离情况	检验结果

(3)十字丝横丝的检验

检验次数	偏离情况	检验结果

(4)视准轴平行于水准管轴的检验

仪器的位置	项目	第一次	第二次
在 A,B 两点中间位置测高差	后视 A 尺读数 a_i 前视 B 尺读数 b_i A,B 两点高差 $h_{AB}=a_i-b_i$	$a_1=$ $b_1=$ $h_{AB}'=$	$a_2=$ $b_2=$ $h_{AB}''=$
	A,B 两点高差均值$\overline{h_{AB}}$	$\overline{h_{AB}}=(h_{AB}'+h_{AB}'')/2=$	
在离 B 点 3m 处测高差 (D_{AB} 为 AB 两点距离)	B 点尺上读数 b_2 A 点尺上应有读数 a_2 A 点尺上实际读数 a_2' 误差 Δ 两轴不平行误差 i	$b_2=$ $a_2=b_2+\overline{h_{AB}}$ $a_2'=$ $\Delta=a_2'-a_2$ $i=\dfrac{\Delta\cdot\rho''}{D_{AB}\pm 3}$	

八、成绩评定

教师评定	组长评定		组员评定		本人自评	
	能力	态度	能力	态度	能力	态度

实训课题八　经纬仪的认识与使用

一、实训目的与要求

1. 掌握经纬仪各构造的名称及其作用。
2. 掌握经纬仪照准目标的方法。
3. 掌握经纬仪读数和置数方法。

二、仪器和工具

经纬仪1套、标牌2个。

三、实训内容

1. 练习经纬仪各构造的操作并熟悉各部件的功能。
2. 练习利用经纬仪望远镜瞄准目标。
3. 练习利用经纬仪读出各目标的水平度盘读数。

四、实训步骤

1. 把实习仪器和工具拿到操场实训区域，按指定位置放好。

2. 开箱，观察仪器在箱中放置的位置，拿出然后再按照原来的位置放到仪器箱中。

3. 把三脚架的螺旋打开，提起脚架使三脚架的高度和自己的肩膀位置大致相等，打开三脚架使架头大致水平，三脚架的高度稍矮于自身身高。

4. 把经纬仪连接到三脚架上，了解经纬仪的望远镜、制动螺旋、微动螺旋等部件的操作方法和功能。

5. 找大约与经纬仪相距80m左右的两点放置标牌，练习利用望远镜十字丝竖丝瞄准标牌目标。

6. 练习利用读数窗进行水平度盘读数。

五、注意事项

1. 三脚架的中心连接螺旋一定要和仪器连接牢固。
2. 三脚架的架腿螺旋要拧紧，以防架腿伸缩处下滑。
3. 注意经纬仪的基座连接螺旋不能旋开。
4. 使用微动螺旋时注意以下两点：

   (1)微动螺旋的移动是有范围的。

   (2)微动螺旋必须在仪器制动后才起作用。

5. 望远镜瞄准目标时应先从外瞄准器找目标。

6. 精确瞄准目标和准确读数时都应消除视差。

六、学时分配

2 课时

七、实训结果

1. **实训内容总结**

2. **原始记录数据**

日期＿＿＿＿＿＿＿ 天气＿＿＿＿＿ 班级＿＿＿＿＿＿ 小组＿＿＿＿＿＿

仪器型号＿＿＿＿＿ 地点＿＿＿＿＿ 观测者＿＿＿＿＿ 记录者＿＿＿＿＿

经纬仪构造名称	作用及使用方法
经纬仪圆水准气泡	
经纬仪长水准管气泡	
经纬仪读数窗	
水平制动和微动	
垂直制动和微动	
经纬仪测微轮	
度盘变位螺旋	
经纬仪反光镜	
望远镜目镜调焦螺旋	
望远镜物镜调焦螺旋	
脚螺旋	
度盘变换机构	

八、成绩评定

教师评定	组长评定		组员评定		本人自评	
	能力	态度	能力	态度	能力	态度

实训课题九　经纬仪的安置

一、实训目的与要求

1. 掌握经纬仪的对中、整平的步骤。

2. 熟悉经纬仪安置的精度要求。

二、仪器和工具

经纬仪 1 套、地面固定标志若干。

三、实训内容

练习经纬仪的安置工作。

四、实训步骤

1. 把实习仪器和工具拿到实习场地，按指定位置放好。

2. 把三脚架的碟型螺旋打开，提起脚架使三脚架的高度和自己的肩膀位置大致相等，在地面固定目标点位上打开三脚架，使三脚架大致成等边三角形，三脚架的高度稍矮于自身身高。

3. 把经纬仪连接到三脚架上，按以下步骤进行仪器的安置工作。

(1)粗对中

手握三脚架，眼睛观察光学对中器，移动三脚架，对中标志基本对准测站点中心，脚尖踩入土中。

(2)粗平

伸缩脚架腿高度，使圆水准气泡居中。

(3)精对中

旋开中心螺旋，在三脚架架头上前后左右移动经纬仪，使经纬仪光学对中器的中心和地面固定目标相统一，对中误差小于±1mm。

(4)精平

转动照准部，旋转脚螺旋，使管水准气泡在相互垂直的两个方向居中。精平操作会略微破坏已完成的对中关系。精平后再次精对中——旋松连接螺旋，眼睛观察光学对中器，平移仪器基座(注意：不要有旋转运动，不要碰到脚螺旋)，使对中标志准确对准测站点中心，拧紧连接螺旋。旋转照准部，在相互垂直两方向检查管水准气泡居中情况，否则从再次精对中开始重复操作。

五、注意事项

1. 三脚架的中心连接螺旋一定要旋紧，以防连接不牢导致仪器掉落。

2. 三脚架的架腿螺旋要拧紧以防脚腿伸缩处下滑。

3. 经纬仪在进行对中、整平前应检查三个脚螺旋的高度，使三个脚螺旋的高度大致等高。

4. 移动时保证经纬仪架头大致水平。

5. 进行粗平时最好只升降一条架腿。

6. 经纬仪在架头上的位置尽量不要移出架头的范围以外。

7. 在架头上移动经纬仪时应前后、左右移动不能转动。

六、学时分配

2 课时

七、实训结果

1. 实训内容总结

2. 原始记录数据

日期＿＿＿＿＿＿ 天气＿＿＿＿＿＿ 班级＿＿＿＿＿＿ 小组＿＿＿＿＿＿

仪器型号＿＿＿＿＿＿ 地点＿＿＿＿＿＿ 观测者＿＿＿＿＿＿ 记录者＿＿＿＿＿＿

操作序数	操作项目	完成精度	完成时间	自我评定
1	对中			
	整平			
2	对中			
	整平			
3	对中			
	整平			
4	对中			
	整平			

八、成绩评定

教师评定	组长评定		组员评定		本人自评	
	能力	态度	能力	态度	能力	态度

实训课题十 经纬仪测回法测量水平角

一、实训目的与要求

1. 掌握测回法观测水平角的观测与计算方法。

2. 进一步熟悉经纬仪的操作。

二、仪器和工具

经纬仪 1 套、标牌 2 个、记录板 1 个。

三、实训内容

1. 利用测回法进行经纬仪测量水平角的练习。

2. 练习测回法的记录、计算。

四、实训步骤

1. 选定一个测站点，安置经纬仪。

2. 选择两个明显的固定点作为观测目标或者用花杆标定两个目标。

3. 用测回法测定其水平角值。观测步骤如下：

(1)安置好仪器后，以盘左位置照准左方目标，并读取水平度盘读数。记录员确认后记入测角记录表中。

(2)顺时针旋转照准部照准右方目标，并读取其水平度盘读数，由记录员记入测角记录表中。

(3)由(1)、(2)两步完成了上半测回的观测，记录员在记录表中要计算出上半测回角值。

(4)松开照准部和望远镜制动螺旋，纵转望远镜，将经纬仪置盘右位置，先照准右方目标，读取水平度盘读数，并记入测角记录表中。

(5)逆时针转动照准部，再照准左方目标，读取水平度盘读数，并记入测角记录表中。

(6)由(4)、(5)两步完成了下半测回的观测，记录员再算出其下半测回角值。

(7)至此便完成了一个测回的观测。如上半测回角值和下半测回角值之差没有超限(不超过±20″)，则取其平均值作为一测回的角度观测值，也就是这两个方向之间的水平角。

4. 如果观测不止一个测回，而是要观测 n 个测回，那么每测回要重新设置水平度盘起始读数。即对左方目标每测回在盘左位置观测时，水平度盘应设置为稍大于 0°，其他各测回间改变 $180°/n$ 的整倍数来观测。

5. 完成各测回的水平角度的计算。

五、注意事项

1. 光学对点器对中误差应小于 1mm，整平误差不超过两格。

2. 同一测回观测时，切勿误动度盘变换手轮或复测扳手。

3. 计算水平角值时，是以右侧的读数减去左侧的读数。若不够减时，则在右边方向上加 360°。

4. 经纬仪测量水平角的时候必须把度盘换位旋钮处于水平位置。

5. 计算水平角平均值时采用四舍六入、五前单进双不进的原则。

六、学时分配

2 课时

七、实训结果

1. 实训内容总结

2. **原始记录数据**

日期________ 天气________ 班级________ 小组________

仪器型号________ 地点________ 观测者________ 记录者________

测站	盘位	目标	水平盘读数	半测回角值	平均角值	备注

八、成绩评定

教师评定	组长评定		组员评定		本人自评	
	能力	态度	能力	态度	能力	态度

实训课题十一 方向观测法测量水平角

一、实训目的与要求

1. 熟悉方向观测法的精度要求。
2. 掌握方向观测法的测量方法。
3. 掌握方向观测法的水平角的计算方法。

二、仪器和工具

光学经纬仪 1 台，记录板 1 块。

三、实训内容

1. 练习方向观测法测量水平角时零方向的选择。
2. 熟悉方向观测法测量水平角的方法和要求。
3. 练习利用方向观测法的规范要求判定测量结果的精度。

四、实训步骤

1. 人员分工

每小组由 4～6 人组成。一人观测，一人记录，其余对点。

2. 场地布置

在实验场地固定点每组选一点作为测站点，周围布置 A、B、C、D 四个目标，供测角用。

3. 每人各根据观测条件选择一个目标作为零方向，使用方向观测法按照下列步骤完成一个测回的水平角测量。

(1)安置经纬仪，将仪器安置于测站点 O 上，对中、整平。

(2)先用盘左位置，选与 O 点相对较远的点 A 作为零方向，瞄准 A，进行读数记 a_1，顺时针方向转动照准部，分别瞄准右边目标 B、C、D，进行读数记 b_1、c_1、d_1；顺时针瞄回零方向 A，“归零”，读数记 a_1'。

(3)再用盘右位置，倒转望远镜成盘右，逆时针转动照准部，照准零方向 A，读数记 a_2。逆时针转动照准部，依次照准 D、C、B，读数，并记 b_2、c_2、d_2；逆时针方向瞄回零目标点 A，读数，并记录 a_2'。

4. 计算水平角

(1)计算 $2C$ 值：$2C=L-(R+180°)$；

(2)计算各方向读数的平均值：平均读数$=1/2\times[L+(R\pm180°)]$；

(3)由于归零起始方向有两个平均读数，应再取其平均值，作为起始方向的平均读数。

(4)计算各测回同一方向归零方向值:归零方向值＝平均读数－零方向平均读数

(5)各测回平均归零方向值的计算:将各测回同一方向的归零方向值相加并除以测回数,即得该方向各测回平均归零方向值。

(6)计算水平角:将该角的两方向的方向值相减即可求得该水平角。

五、注意事项

1. 仪器高度与观测者身高相适应;三脚架踩实,仪器与脚架连接牢固,操作仪器时,不要用手扶三脚架;转动照准部和望远镜前,应先松开制动螺旋,使用各种螺旋时用力应轻。

2. 精确对中,尤其对短边测角。光学对点器对中误差应小于1mm。

3. 观测目标间高低相差较大时,更应注意整平仪器,整平误差应不超过一格。

4. 照准标志应竖直,用十字丝交点瞄准标杆或测钎底部。

5. 记录要清楚,应当场计算,发现错误,立即重测。

6. 一测回水平角观测中,切勿误动度盘变换手轮或复测扳手。不得再调照准部管水气泡,气泡偏离中央大于2格,应重新整平与对中仪器,重新观测。

六、学时分配

4课时

七、实训结果

1. 实训内容总结

2. **原始记录数据**

日期＿＿＿＿＿＿ 天气＿＿＿＿＿ 班级＿＿＿＿＿＿ 小组＿＿＿＿＿＿

仪器型号＿＿＿＿＿ 地点＿＿＿＿＿ 观测者＿＿＿＿＿ 记录者＿＿＿＿＿

测回数	测站	目标	水平度盘读数		2C	平均方向值	归零方向值	各测回归零方向值平均值	水平距离
			盘左	盘右					

八、成绩评定

教师评定	组长评定		组员评定		本人自评	
	能力	态度	能力	态度	能力	态度

实训课题十二　竖直角测量与竖盘指标差的检验

一、实训目的与要求

1. 学习竖直观测、记录及计算的方法。

2. 了解竖盘指标差的计算方法。

3. 同一组所测的竖盘指标差的互差不得超过±24″。

二、仪器和工具

光学经纬仪1台,记录板1块。

三、实训内容

1. 练习方向观测法测量水平角时零方向的选择。

2. 练习方向观测法测量水平角的方法和要求。

3. 练习利用方向观测法的规范要求,判定测量结果的精度。

四、实训步骤

1. 人员分工:

每小组由4～6人组成。一人观测、一人记录、其余对点。

2. 场地布置:

在实验场地固定点每组选一点作为测站点,随机选择若干个目标点,供测角用。

3. 在测站点O安置仪器,对中、整平后选定A,B两个目标。

4. 先观察一下竖盘注记形式并写出竖盘角的计算公式。盘左将望远镜大致放平,观察竖盘读数;然后将望远镜慢慢上仰,观察读数变化情况。若读数减小,则竖盘角等于视线水平时的读数减去瞄准目标的读数;反之,则相反。

5. 盘左,用十字丝中横丝切于A目标顶端,转动竖盘指标水准管微动螺旋,使竖盘指标水准管气泡居中,读取竖盘读数L,记入手薄并算出竖直角a_L。

2. 盘右,同法观测A目标,读取盘右读数R,记录并算出竖直角a_R。

3. 计算竖盘指标差$X=1/2(a_L+a_R)$或$X=1/2(L+R-360°)$。

4. 计算竖盘角平均值$a=1/2(a_L+a_R)$或$X=1/2(L+R-180°)$。

5. 同法测定B目标的竖盘角并计算出竖盘指标差。检查指标差的互差是否有误。

五、注意事项

1. 仪器高度与观测者身高相适应;三脚架踩实,仪器与脚架连接牢固,操作仪器时,不要用手扶三脚架；转动照准部和望远镜前，应先松开制动螺旋，使用各种螺旋时用力应轻。

2. 精确对中，尤其对短边测角。光学对点器对中误差应小于 1mm。

3. 观测目标间高低相差较大时，更应注意整平仪器，整平误差应不超过一格。

4. 照准标志应竖直，用十字丝交点瞄准标杆或测钎底部。

5. 记录要清楚，应当场计算，发现错误，立即重测。

6. 一测回水平角观测中，切勿误动度盘变换手轮或复测扳手。不得再调照准部管水气泡，气泡偏离中央大于 2 格，应重新整平与对中仪器，重新观测。

六、学时分配：

4 课时

七、实训内容总结

实训课题十三　经纬仪的检验

一、实训目的与要求

1. 熟悉经纬仪轴线应满足的条件。
2. 掌握经纬仪的检验方法。

二、仪器和工具

每组经纬仪 1 套、水准尺 1 把、记录板 1 个。

三、实训内容

1. 照准部水准管轴垂直于竖轴的检验。
2. 十字丝竖丝垂直于横轴的检验。
3. 视准轴垂直于横轴的检验。
4. 横轴垂直于竖轴的检验。
5. 竖盘指标水准管的检验。

四、实训步骤

1. 水准管轴垂直于仪器竖轴的检验

初步整平仪器，转动照准部使水准管平行于一对脚螺旋连线，转动这对脚螺旋使气泡严格居中；然后将照准部旋转 180°，如果气泡仍居中，则说明条件满足，如果气泡中点偏离水准管零点超过一格，则需要校正。

2. 十字丝竖丝垂直于横轴的检验

用十字丝交点瞄准一清晰的点状目标 P，转动望远镜微动螺旋，使竖丝上、下移动，如果 P 点始终不离开竖丝，则说明该条件满足，否则需要校正。

3. 视准轴垂直于横轴的检验

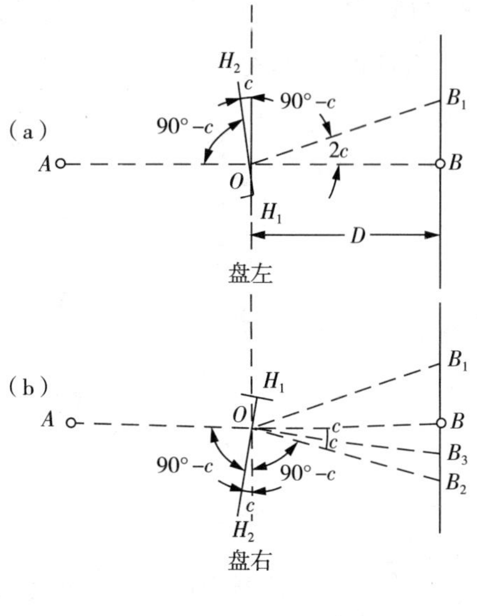

在平坦地面上，选择相距约 100m 的 A、B 两点，在 AB 连线中点 O 处安置经纬仪，如图所示，并在 A 点设置一瞄准标志，在 B 点横放一根刻有毫米分划的直尺，使直尺垂直于视线 OB，A 点的标志、B 点横放的直尺应与仪器大致同高。用盘左位置瞄准 A 点，制动照准部，

然后纵转望远镜，在 B 点尺上读得 B_1；用盘右位置再瞄准 A 点，制动照准部，然后纵转望远镜，再在 B 点尺上读得 B_2。如果 B_1 与 B_2 两读数相同，说明条件满足。否则，按下式计算 c：

$$c=\frac{B_1B_2}{4D}\cdot e''$$

如果 $c>60''$，则需要校正。

4. 横轴垂直于仪器竖轴的检验

在离墙面约 30m 处安置经纬仪，盘左瞄准墙上高处一目标 P（仰角约 30°），放平望远镜，在墙面上定出 A 点；盘右再瞄准 P 点，放平望远镜，在墙面上定出 B 点；如果 A、B 重合，则说明条件满足；如果 A、B 相距大于 5mm，则需要校正。

5. 指标差的检验

整平经纬仪，盘左、盘右观测同一目标点 P，转动竖盘指标水准管微动螺旋，使竖盘指标水准管气泡居中，读记竖盘读数 L 和 R，按下式计算竖盘指标差当竖盘指标差 $x>1'$ 时，则需校正。

$$x=\frac{L+R-360^\circ}{2}$$

五、注意事项

1. 按实验步骤进行各项检验，顺序不能颠倒，检验数据正确无误才能进行校正。

2. 选择仪器的安置位置时，应顾及视准轴和横轴的两项检验，既能看到远处水平目标，又能看到墙上高处目标。

六、学时分配

2 课时

七、实训资料

1. 实训内容总结

2. 原始记录数据

日期__________ 天气________ 班级_________ 小组_________

仪器型号_______ 地点________ 观测者_______ 记录者_______

(1)一般性检验

三脚架：____________________
水平制动、微动螺旋：____________________
望远镜制动与微动螺旋：____________________
照准部转动：____________________
望远镜转动：____________________
望远镜成像：____________________
脚螺旋：____________________
竖盘指标水准管微动螺旋：____________________
度盘变换机构：____________________

(2)照准部水准管的检验

检验(旋转照准部 180°)次数	气泡偏离情况	检验结果

(3)十字丝竖丝的检验

检验次数	偏离情况	检验结果

(4)视准轴的检验

检验次数	尺上读数		$\frac{B_2-B_1}{4}$	正确读数	视准轴误差
	盘左 B_1	盘右 B_2		$B_3=B_2-\frac{1}{4}(B_2-B_1)$	$C''=\frac{B_2-B_1}{4\times D}\cdot\rho''$

(5)对中器的检验

检验次数	偏离情况	检验结果

(6)竖盘指标差的检验

检验次数	竖盘位置	竖盘读数	竖直角	指标差	盘右正确读数

八、成绩评定

教师评定	组长评定		组员评定		本人自评	
	能力	态度	能力	态度	能力	态度

实训课题十四　钢尺量距

一、实训目的与要求

1. 练习量距的基本动作，掌握量距的要领与计算方法。

2. 掌握用花杆定直线的方法。

3. 本次实验要求距离丈量的相对误差 1/2000。

二、计划与仪器准备

主要设备：经纬仪 1 台、三脚架 1 副、钢卷尺(30m)1 把、花杆 3 根、测钎 4 根、记录板 1 块。

三、实训内容

平坦地面上的钢尺量距

四、实训步骤

1. 在较平坦的地面上标定出相距大约 80～100m 的 A、B 两点。

2. 用经纬仪的方法进行直线定线，并用测钎桩定好各测段。

3. 距离丈量：

(1)在 A、B 两点竖立花杆。

(2)后尺手持测钎一根，手持钢尺零端划端点 A。前尺手持测钎一串，手持钢尺末端及花杆，沿丈量方向前进，走到约一整尺段时为止，并将尺拉直。

(3)后尺手将测钎插在起点 A，并将钢尺零端大致对准测钎，指挥前尺手左右移动进行直线定线，把花杆立到直线方向上，同时做好记号。

(4)前尺手将钢尺适当拉紧，并目估使尺水平，后尺零端对准测钎，前尺手取测钎对准钢尺末端垂直插入地面。

(5)量完第一尺后，后尺手拔起 A 点的测钎和立于 A 点的花杆后，与前尺手抬尺前进，直至后尺手到达第一个分段点为止。

(6)重复以上操作，丈量第二个整尺段，如此继续向前丈量，后尺手随时收起前尺手所插测钎记取丈量的整尺段数。最后丈量不足整尺段的余长。

(7)按同样方法，从 B 点起返测量至 A 点。

(8)当往返丈量的相对误差不超过规定时，取往返丈量的平均值为 AB 两点间的测量结果。

五、注意事项

1. 三脚架安置高度适当，架头大致水平。三脚架确实安置稳妥后，才能把仪器连接于架头，经纬仪与三脚架之间的中心连接螺旋必须旋紧，防止仪器摔落。

2. 调节各种螺旋均应有轻重感，仪器操作时不应用力过猛，脚螺旋、水平微动螺旋等均有一定的调节范围，使用时不宜旋到顶端。

3. 同小组中，半数的同学各独立完成一次钢尺量距的实验及计算；另一半同学各独立完成一次视距测量的实验及计算。

4. 钢尺量距实验中，返测须要重新定线；测钎要插直，测钎数不要记错；每一段的定线要准确，使钢尺在直线内丈量。

5. 丈量距离时，要注意钢尺零点和终点的位置，以及米、分米的注记，以防读错。

6. 钢尺应注意拉平，拉力要求一致。遇斜坡或坑洼不平地带，则利用花杆或吊垂球直接丈量出水平距离。这时要特别注意将测尺端点准确地投影到地面上。

六、学时分配

2 学时

七、实训结果

1. 实训内容总结

2. 原始记录数据

前尺手(签名):______________ 后尺手(签名):______________

记录/计算(签名):______________ 辅助人员(签名):______________

线段名称	观测次数	整尺段数 n	余尺段 q (m)	距离 $D=n\cdot l+q$ (m)	平均距离 (m)	相对精度 K
AB	往测					
	返测					

八、成绩评定

教师评定	组长评定		组员评定		本人自评	
	能力	态度	能力	态度	能力	态度

实训课题十五 利用经纬仪进行建筑物放样

一、实训目的与要求

1. 根据给定的数据设计放样过程。
2. 掌握经纬仪放样的方法。

二、仪器和工具

主要设备：经纬仪1台、三脚架1副、钢卷尺（30m）1把、花杆3根、测钎4根、记录板1块。

三、实训内容

利用经纬仪进行简单的四边形放样。

四、实训步骤

假设拟建一栋房子（如图示，实线表示拟建房屋），在房屋M延长线20m外拟建一栋长18m，宽10m的房屋，房角为A、B、C、D四点。

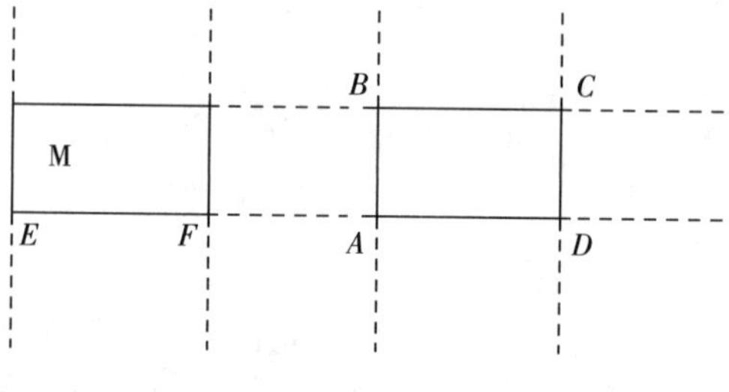

1. 根据图纸拟建要求计算角度、距离。
2. 准备必要工具，钢尺、木桩、经纬仪、铁锤；检查仪器无异常。
3. 现场放样：

（1）用钢尺在EF延长线外量出10m，即为点A，埋桩。

（2）假设A点为房屋原点，将仪器置于A点，仪器对中整平，点F为后视点、仪器置零。则得出B点在AF顺时针方向的角度为90°，距离为10m，将仪器读数转至90°处，定好方向，用钢尺量10m，得出的点即为点B。

D点在AF顺时针方向的角度为180°，距离为18m，将仪器读数转至180°处，定好方向，用钢尺量18m，得出的点即为点D。

（3）将仪器搬至D点、对中整平，以A点为后视点、仪器置零，则C点在AD的顺时针方向的角度为90°，长度为10m。将仪器读数转至90°处，定好方向，用钢尺量10m，得出的

点即为点 C。

4. 收回仪器，检查工具无遗落，完成放样。

五、注意事项

1. 三脚架安置高度适当，架头大致水平。三脚架确实安置稳妥后，才能把仪器连接于架头，经纬仪与三脚架之间的中心连接螺旋必须旋紧，防止仪器摔落。

2. 搬站之前，应检查仪器与脚架的连接是否牢固；搬运时，应把制动螺旋略微关住，使仪器在搬站过程中不致晃动。

3. 仪器任何部分发生故障，不勉强使用，应立即检修，否则会加剧仪器的损坏程度。

六、学时分配

4 学时

七、实训结果

1. 实训内容总结

2. 复测记录表

复　测	

八、成绩评定

教师评定	组长评定		组员评定		本人自评	
	能力	态度	能力	态度	能力	态度

实训课题十六　导线控制测量

一、实训目的与要求

1. 掌握平面控制形式的选择方法。
2. 掌握加密点个数、位置的选择方法。
3. 掌握外业测量工作的设计。
4. 掌握内业资料的处理方法。

二、仪器和工具

全站仪 1 套、棱镜 2 组、记录板 1 个。

三、实训内容

我们想绘制学校的地形图，现在有两个控制点，利用现有条件进行测量设计。在学校内进行平面控制点的加密工作，进行图根导线控制外业数据的采集和导线点坐标计算。

四、实训步骤

1. 踏勘选点

(1)全班以组为单位由指导教师带领踏勘测区，了解测区情况及任务，领会建网的目的和意义；

(2)在教师指导下进行图上设计及分组分区进行实地选点，每人做一个点之记；

(3)分组进行定点。

2. 利用测回法进行导线水平角观测(要求左右角各观测一次)。

3. 利用全站仪采用对向观测法测量各导线边的水平距离。

4. 用罗盘仪测量起始边的磁方位角，要求精确到分。

5. 进行平面控制网的坐标计算，过程如下：

(1)计算内角和；

(2)计算测角闭合差，看其是否满足限差；

(3)分配角度闭合差；

(4)根据测量出起始边的方位角推算其余各边方位角；

(5)计算各边边长；

(6)计算各边的 X、Y 的坐标增量；

(7)坐标增量闭合差；

(8)计算导线全长相对闭合差看其是否满足限差；

(9)分配坐标增量闭合差；

(10)根据起点坐标推算其余各点坐标；

五、注意事项

1. 全站仪使用前应进行下列检验：

(1)照准部旋转轴正常，各位置气泡读数较差不得超过一格；

(2)垂直微动螺旋使用时，视准轴在水平方向上不得产生偏移；

(3)照准部旋转时，仪器底座位移所产生的系统误差不得超过 0.3″；

(4)光学对点器的对中误差不得大于 1mm。

2. 距离采用对向观测不能大于 1/15000。

3. 导线测量的主要技术要求应符合规范规定。

(1)导线应尽量布设成直伸形状，相邻边长不宜相差过大。

(2)当导线平均边长较短时，应控制导线边数。当导线长度小于规范规定长度的 1/3 时，导线全长的绝对闭合差不应大于 13cm；如果点位中误差要求为 20cm 时，不应大于 52cm。

(3)平面控制点位置的选定应符合下列要求：①相邻点之间必须通视，点位能长期保存；②便于加密、扩展和寻找；③观测视线超越(或旁离)障碍物应在 1.3m 以上；④水平角观测应采用中纬 ZT20 全站仪。

六、学时分配

4 课时

七、实训结果

1. 实训内容总结

2. 原始记录数据

(1)外业测量资料

日期__________ 天气__________ 班级__________ 小组__________

仪器型号__________ 地点__________ 观测者__________ 记录者__________

测站	盘位	观测点	平距	水平度盘读数 (° ′ ″)	半测回角 (° ′ ″)	一测回角 (° ′ ″)	图示
	左						
	右						
	左						
	右						
	左						
	右						
	左						
	右						
	左						
	右						
	左						
	右						
	左						
	右						
	左						
	右						

(2)导线点资料(点之记)

导线点号	X	Y	位置说明

八、成绩评定

教师评定	组长评定		组员评定		本人自评	
	能力	态度	能力	态度	能力	态度

实训课题十七　自动化成图

一、实验目的与要求

1. 掌握图根控制导线的选择方法。
2. 掌握加密点个数、位置的选择。
3. 掌握地物、地貌外业测量工作的设计。
4. 掌握利用CASS进行地形图的绘制方法。

二、仪器和工具

全站仪一套、棱镜2组、对中杆2根、记录板、CASS软件一套。

三、实习内容

我们想绘制学校的地形图，在上节课程图根导线控制外业数据的采集完成的基础上，进行地形图的绘制。通过自查互查，检查测量任务的完成情况，提交测量成果资料，并对测量误差评价。

四、简要实习步骤

1. 野外数据采集步骤

(1)安置仪器

在控制点上安置全站仪，检查中心连接螺旋是否旋紧，对中、整平、量取仪器高、开机。

(2)创建文件

在全站仪中，按日期并以日期为名创建一个文件，用来保存测量数据。输入测站点，输入一个测站点，按提示输入测站点点号及固定坐标、仪高以及高程后视点点号及坐标、镜高，仪器瞄准后视点，进行定向检测。

(3)测量碎部点坐标

仪器定向后，即可进入"测量"状态，输入所测碎部点镜高后精确瞄准竖立在碎部点上的反光镜，按"测距"，仪器即测量出棱镜点的坐标，并将测量结果保存到前面输入的坐标文件中，同时将碎部点点号自动加1返回测量状态。再输入镜高，瞄准第2个碎部点上的反光镜，按"测距"，仪器又测量出第2个棱镜点的坐标，并将测量结果保存到前面的坐标文件中。按此方法，可以测量并保存其后所测碎部点的三维坐标。

2. 内业数据传输

(1)数据传输

连接数据线CASS软件读取数据，执行下拉菜单"数据/读全站仪数据"命令，在"全站仪内存数据转换"对话框中的"全站仪内存文件"文本框中，输入需要转换的数据文件名和路径，在"CASS 坐标文件"文本框中输入转换后保存的数据文件名和路径。这两个数据文件名和路径均可以单击"选择文件"，在弹出的标准文件对话框中输入。单击"转换"即完成数据文件格式转换。展绘碎部点、成图执行下拉菜单"绘图处理/定显示区"确定绘图区域，执行下拉菜单"绘图处理/展野外测点点位"，即在绘图区得到展绘好的碎部点点位，结合野外绘制的草图绘制地物，再执行下拉菜单"绘图处理/展高程点"。经过对所测地形图进行屏幕显示，在人机交互方式下进行绘图处理、图形编辑、修改、整饰，最后形成数字地图的图形文件。

(2)成图方法

在外业无码作业数据采集的基础上，内业将利用外业草图，采用南方 CASS 9.1 软件进行成图。成图比例尺为 1∶500。地貌与实地相符，地物位置精确，符号利用要正确。所成的电子地图进行严格分层管理，可满足出各种专题地图的要求。图形格式为 DWG 格式。

(3)内业成图具体过程

① DAT 文件的建立。通过软件将全站仪数据文件输出为 *.dat 格式。

② 展点，高程点或点号。在绘图处理的下拉菜单中选择"展点"项的"野外测点点号"，在打开的对话框中选择自己所需要的文件，然后单击确定便可以在屏幕展出野外测点及点号。

③ 绘图。根据草图，选择南方 CASS 软件下提供的地物类型描绘。

⑤ 加图幅的方法。CASS9.1—绘图处理—标准图幅，输入图名、测量员、绘图员、检查员、左下角坐标等。

五、注意事项

1. 地形图分幅采用正方形规格为 50cm×50cm，图号以图廓西南角坐标公里数为单位编号，X 在前，Y 在后，中间用短线连接。

2. 图根控制点相对于起算点的平面点位误差不超过图上的 0.1mm，高程中误差不得大于测图基本等高距的 1/10。

3. 测站点相对于邻近图根点的点位误差不得大于图上 0.3mm。高程中误差，平地不得大于 1/10 基本等高距；丘陵地不得大于 1/8 基本等高距；山地、高山地不得大于 1/6 基本等高距。

4. 图上地物点相对于邻近图根点的点位中误差与邻近地物点间距中误差应符合规范。

六、学时分配

12 课时或安排在综合测量实习阶段。

七、实习资料

1. 原始记录数据

日期＿＿＿＿＿＿　天气＿＿＿＿＿＿　班级＿＿＿＿＿＿　小组＿＿＿＿＿＿
仪器型号＿＿＿＿＿　地点＿＿＿＿＿　观测者＿＿＿＿＿　记录者＿＿＿＿＿

测站点名：________ 坐标：x=________ y=________ H=________
仪器高：i=________ 后视点名：________ 坐标：x=________ y=________
镜高：L=________

测点	X	Y	H	测点	X	Y	H	测点	X	Y	H

测站点名：________ 坐标：x=________ y=________ H=________
仪器高：i=________ 后视点名：________ 坐标：x=________ y=________
镜高：L=________

测点	X	Y	H	测点	X	Y	H	测点	X	Y	H

日期＿＿＿＿＿　天气＿＿＿＿＿　班级＿＿＿＿＿　小组＿＿＿＿＿

仪器型号＿＿＿＿　地点＿＿＿＿　观测者＿＿＿＿　记录者＿＿＿＿

测站点名:＿＿＿＿　坐标:x=＿＿＿＿　y=＿＿＿＿　H=＿＿＿＿

仪器高:i=＿＿＿＿　后视点名:＿＿＿＿　坐标:x=＿＿＿＿　y=＿＿＿＿

镜高:L=＿＿＿＿

测点	X	Y	H	测点	X	Y	H	测点	X	Y	H

测站点名:＿＿＿＿　坐标:x=＿＿＿＿　y=＿＿＿＿　H=＿＿＿＿

仪器高:i=＿＿＿＿　后视点名:＿＿＿＿　坐标:x=＿＿＿＿　y=＿＿＿＿

镜高:L=＿＿＿＿

测点	X	Y	H	测点	X	Y	H	测点	X	Y	H

测站点名:＿＿＿＿　坐标:x=＿＿＿＿　y=＿＿＿＿　H=＿＿＿＿

仪器高:i=＿＿＿＿　后视点名:＿＿＿＿　坐标:x=＿＿＿＿　y=＿＿＿＿

镜高:L=＿＿＿＿

测点	X	Y	H	测点	X	Y	H	测点	X	Y	H

日期＿＿＿＿＿　天气＿＿＿＿＿　班级＿＿＿＿＿　小组＿＿＿＿＿

仪器型号＿＿＿＿＿　地点＿＿＿＿＿　观测者＿＿＿＿＿　记录者＿＿＿＿＿

测站点名：＿＿＿＿＿　坐标：$x=$＿＿＿＿＿　$y=$＿＿＿＿＿　$H=$＿＿＿＿＿

仪器高：$i=$＿＿＿＿＿　后视点名：＿＿＿＿＿　坐标：$x=$＿＿＿＿＿　$y=$＿＿＿＿＿

镜高：$L=$＿＿＿＿＿

测点	X	Y	H	测点	X	Y	H	测点	X	Y	H

测站点名：＿＿＿＿＿　坐标：$x=$＿＿＿＿＿　$y=$＿＿＿＿＿　$H=$＿＿＿＿＿

仪器高：$i=$＿＿＿＿＿　后视点名：＿＿＿＿＿　坐标：$x=$＿＿＿＿＿　$y=$＿＿＿＿＿

镜高：$L=$＿＿＿＿＿

测点	X	Y	H	测点	X	Y	H	测点	X	Y	H

测站点名：＿＿＿＿＿　坐标：$x=$＿＿＿＿＿　$y=$＿＿＿＿＿　$H=$＿＿＿＿＿

仪器高：$i=$＿＿＿＿＿　后视点名：＿＿＿＿＿　坐标：$x=$＿＿＿＿＿　$y=$＿＿＿＿＿

镜高：$L=$＿＿＿＿＿

测点	X	Y	H	测点	X	Y	H	测点	X	Y	H

2. 草图

3. 实习心得

八、成绩评定

教师评定	组长评定		组员评定		本人自评	
	能力	态度	能力	态度	能力	态度

实训课题十八 全站仪的认识与使用

一、实训目的与要求

1. 了解全站仪的构造特点。
2. 掌握全站仪的基本功能和操作方法。
3. 熟悉全站仪各测量模块中各字母所代表的含义。
4. 掌握全站仪各按键的功能。

二、仪器和工具

全站仪 1 套、脚架 3 个、棱镜 2 组。

三、实训内容

1. 熟悉全站仪构造的功能。
2. 认识全站仪各按键并查阅其功能。
3. 练习全站仪安置工作。

四、实训步骤

1. 把实习仪器和工具拿到实习场地，按指定位置放好。

2. 开箱，观察仪器在箱中放置的位置，拿出然后再按照原来的位置放到仪器箱中，并旋紧全站仪制动。

3. 把三脚架的碟型螺旋打开，提起脚架使三脚架的高度和自己的肩膀位置大致相等，打开使三脚架大致成等边三角形，三脚架的高度和自己的身高相当。

4. 把全站仪连接到三脚架上，认识全站仪的望远镜、制动、微动等构造的操作方法和功能并比较与经纬仪的相同和不同之处。

5. 练习全站仪电池的装卸方法。

6. 认识全站仪面板上各按键的名称和基本功能。

7. 开机，认识全站仪主页上的基本功能，并了解全站仪的测角、测距、测坐标和放样坐标等基本模块中各字母的含义。

8. 练习全站仪对中、整平工作（方法与经纬仪基本相同）。

五、注意事项

1. 开工前应检查仪器箱背带及提手是否牢固。

2. 开箱后提取仪器前，要看准仪器在箱内放置的方式和位置，装卸仪器时，必须握住提手,将仪器从仪器箱取出或装入仪器箱时,请握住仪器提手和底座,不可握住显示单元的下部。切不可拿仪器的镜筒,否则会影响内部固定部件,从而降低仪器的精度。应握住仪器的基座部分,或双手握住望远镜支架的下部。仪器用毕,先盖上物镜罩,并擦去表面的灰尘。装箱时各部位要放置妥帖,合上箱盖时应无障碍。

3. 在太阳光照射下观测仪器,应给仪器打伞,并带上遮阳罩,以免影响观测精度。在杂乱环境下测量,仪器要有专人守护。当仪器架设在光滑的表面时,要用细绳(或细铅丝)将三脚架三个脚联起来,以防滑倒。

4. 当架设仪器在三脚架上时,尽可能用木制三脚架,因为使用金属三脚架可能会产生振动,从而影响测量精度。

5. 仪器放置要整齐,箱盖朝上,不得倒置。

六、学时分配

4 课时

七、实训结果

1. 实训内容总结

2. **原始记录数据**

日期＿＿＿＿＿＿　天气＿＿＿＿＿＿　班级＿＿＿＿＿＿　小组＿＿＿＿＿＿
仪器型号＿＿＿＿＿＿　地点＿＿＿＿＿＿　观测者＿＿＿＿＿＿　记录者＿＿＿＿＿＿

全站仪构造名称	作用及使用方法
全站仪圆水准气泡	
全站仪长水准管气泡	
全站仪数字键	
水平制动和微动	
垂直制动和微动	
全站仪功能键	
全站仪确认键	
全站仪删除、返回键	
望远镜目镜调焦螺旋	
望远镜物镜调焦螺旋	
脚螺旋	
全站仪电池换法	

八、成绩评定

教师评定	组长评定		组员评定		本人自评	
	能力	态度	能力	态度	能力	态度

实训课题十九 全站仪测量方位角

一、实训目的与要求

1. 熟悉方位角的概念。
2. 掌握正反方位角的关系。
3. 掌握全站仪利用已知的点位和已知的方位角测量未知方位角的方法。
4. 掌握方位角的记录方法。

二、仪器和工具

全站仪1套、脚架3个、棱镜2组。

三、实训内容

1. 熟悉全站仪、棱镜安置工作。
2. 练习全站仪测量方位角。

四、实训步骤

1. 人员分工

4人1组，1人司仪、2人操作棱镜（1人后视、1人前视）、1人记录。轮流进行各工种操作。

2. 场地布置

在测量现场选择 A、B、C、D 四个固定点作为我们测量的点位。假设 A、B 两点为已知点，AB 的方位角已知（假设为 $93^{\circ}16'25''$，形成一个闭合路线）。

3. 测量步骤

一测站工作内容如下：

（1）测站选择：在已知点 A 架设仪器，完成对中和整平工作，操作时要保证仪器架稳，一般是将三脚架的腿间距稍微放大些，保证平稳。角度过大将导致全站仪过低，给观测带来不便，同时也影响观测员的行动；角度过小时全站仪放置不稳，存在仪器损害的潜在危险。观测前要进行仪器的校验，对准已知点，以保证数据均为可信数据。

（2）立棱镜：分别在后视点 B 和前视点 D 点安置棱镜。分别完成对中和整平工作。

（3）瞄准后视点 B 棱镜，开机进入角度测量模块，利用全站仪水平角置盘功能把水平度盘设置为后视方向的方位角值。

（4）松开照准部制动，瞄准前视点 D 棱镜，此时水平度盘的读数就是该方向的方位角值。

4. 把仪器迁站到 D 点，以 A 点为后视方向，测量 DC 的方位角。

5. 同理，测量 CB、BA 的方位角，最后检查 BA 的关系方位角和 AB 的方位角是否相差 180°。

五、注意事项

1. 当测站之间距离较远，搬站时应将仪器卸下，装箱后背着走。行走前要检查仪器箱是否锁好，检查安全带是否系好。当测站之间距离较近，搬站时可将仪器连同三脚架一起靠在肩上，但仪器要尽量保持直立放置。

2. 搬站之前，应检查仪器与脚架的连接是否牢固；搬运时，应把制动螺旋略微关住，使仪器在搬站过程中不致晃动。

3. 仪器任何部分发生故障，不勉强使用，应立即检修，否则会加剧仪器的损坏程度。

4. 光学元件应保持清洁，如沾染灰沙必须用毛刷或柔软的擦镜纸擦掉。禁止用手指抚摸仪器的任何光学元件表面。清洁仪器透镜表面时，请先用干净的毛刷扫去灰尘，再用干净的无线棉布沾酒精由透镜中心向外一圈圈的轻轻擦拭。除去仪器箱上的灰尘时切不可作用任何稀释剂或汽油，而应用干净的布块沾中性洗涤剂擦洗。

5. 迁站后所设方位角和测量方位角相差 180°。

六、学时分配

4 课时

七、实训结果

1. 实训内容总结

2. **原始记录数据**

日期＿＿＿＿＿＿ 天气＿＿＿＿＿ 班级＿＿＿＿＿＿ 小组＿＿＿＿＿＿
仪器型号＿＿＿＿＿ 地点＿＿＿＿＿ 观测者＿＿＿＿＿ 记录者＿＿＿＿＿

序号	测站	后视点	设置方位角值	测量点	测量方位角值

八、成绩评定

教师评定	组长评定		组员评定		本人自评	
	能力	态度	能力	态度	能力	态度

实训课题二十 全站仪测量水平角和水平距离

一、实训目的与要求

1. 熟悉水平距离测量时参数的设置。
2. 掌握全站仪测量水平角的方法。
3. 掌握测量水平距离的方法。

二、仪器和工具

全站仪 1 套、脚架 3 个、棱镜 2 组。

三、实训内容

1. 熟悉全站仪测量距离时参数的设置方法。
2. 练习全站仪测量水平角。
3. 练习全站仪测量水平距离。

四、实训步骤

1. 人员分工

4 人 1 组,1 人司仪、2 人操作棱镜(1 人后视、1 人前视)、1 人记录。轮流进行各工种操作。

2. 水平角测量方法

全站仪测量和其他测量仪器一样,首先是对中整平,先粗平再精平,过后开机按“菜单”键选择“测量功能”,按对应的操作键进入测量模式。水平角的测量:按角度测量键,使全站仪处于角度测量模式,照准第一个目标 A,设置 A 方向的水平度盘读数为 $0°00'00''$;照准第二个目标 B,此时显示的水平度盘读数即为两方向间的水平夹角。其中在做角度测量时,望远镜向左边转角度减小,向右边转角度增大。角度偏差不少于 $10''$。

3. 水平距离的测量方法

测距前将显示器切换到距离界面,须将棱镜常数输入仪器中,仪器会自动对所测距离进行改正。光在大气中的传播速度会随大气的温度和气压变化而变化,15℃和 760mm Hg 是仪器设置的一个标准值,此时的大气改正为 0ppm。实测时,可输入温度和气压值,全站仪会自动计算大气改正值(也可直接输入大气改正值),并对测距结果进行改正。量仪器高、棱镜高并输入全站仪。照准目标棱镜中心,按测距键,距离测量开始,测距完成时显示斜距、平距、高差。其中距离偏差不小于 5mm。

4. 利用两个已知的控制点位在学校测量训练基地范围内布设 5 个未知点,利用全站仪测量该闭合图形的各内角值、各边的水平距离。

五、注意事项

1. 在潮湿环境中工作，作业结束，要用软布擦干仪器表面的水分及灰尘后装箱。回到办公室后立即开箱取出仪器放于干燥处，彻底晾干后再装箱内。

2. 冬天室内，室外温差较大时，仪器搬出室外或搬入室内，应隔一段时间后才能开箱。

3. 仪器的保管由专人负责，每天现场使用完毕带回办公室，不得放在现场工具箱内。

4. 仪器箱内应保持干燥，要防潮、防水并及时更换干燥剂。仪器必须放置专门架上或固定位置。

5. 仪器长期不用时，应以一月左右定期取出通风防霉并通电驱潮，以保持仪器良好的工作状态。

6. 测量距离时应事先进行测距参数的设置。

7. 搬站之前，应检查仪器与脚架的连接是否牢固；搬运时，应把制动螺旋略微关住，使仪器在搬站过程中不致晃动。

六、学时分配

4 课时

七、实训结果

1. 实训内容总结

2. **原始记录数据**

日期__________ 天气__________ 班级__________ 小组__________

仪器型号__________ 地点__________ 观测者__________ 记录者__________

测站	盘位	观测点	平距	水平度盘读数 (° ′ ″)	半测回角 (° ′ ″)	一测回角 (° ′ ″)	图示
	左						
	右						
	左						
	右						
	左						
	右						
	左						
	右						
	左						
	右						
	左						
	右						
	左						
	右						
	左						
	右						

八、成绩评定

教师评定	组长评定		组员评定		本人自评	
	能力	态度	能力	态度	能力	态度

实训课题二十一　全站仪测量坐标(常规建站)

一、实训目的与要求

1. 掌握全站仪利用已知坐标点建站的方法。
2. 掌握全站仪测量坐标的方法。

二、仪器和工具

全站仪 1 套、棱镜 2 组、记录板。

三、实训内容

利用两个已知的控制点位在学校测量训练基地范围内布设 5 个未知点，利用全站仪测量该闭合图形的未知点坐标。

四、实训步骤

1. 人员分工

4 人 1 组，1 人司仪、2 人操作棱镜（1 人后视、1 人前视）、1 人记录。轮流进行各工种操作。

2. 场地布置

利用两个已知的控制点 D_1、D_2 在测量现场选择 A、B、C、D、E 五个固定点作为我们测量的点位，和控制点 D_1 形成一个闭合路线。

3. 测量步骤

一测站工作内容如下：

(1)测站选择：在已知点 D_1 架设仪器，完成对中和整平工作，操作时要保证仪器架稳，一般是将三脚架的腿间距稍微放大些，保证平稳。角度过大将导致全站仪过低，给观测带来不便，同时也影响观测员的行动；角度过小时全站仪放置不稳，存在仪器损害的潜在危险。观测前要进行仪器的校验，对准已知点，以保证数据均为可信数据。

(2)立棱镜：分别在后视点 D_2 和前视点 A 点安置棱镜。分别完成对中和整平工作。

(3)瞄准后视点 D_2 棱镜，开机进入坐标测量模块，利用全站仪测站设置和后视点设置功能，通过已知点坐标，设定测站点的三维坐标；设定后视点的坐标；设置棱镜常数；设置大气改正值或气温、气压值；量仪器高、棱镜高并输入全站仪；完成把水平度盘设置为后视方向的方位角值的工作。

(4)松开照准部制动，瞄准前视点 A 棱镜，按测量键或前视点测量功能，测量出 A 点的坐标值。

4. 把仪器迁站到 A 点，以 D_1点为后视方向，测量 B 的坐标值。

5. 同理，测量 C、D、E 的坐标，最后测量到 D_1点，检查和已知的坐标值是否相等。

五、注意事项

1. 当测站之间距离较远，搬站时应将仪器卸下，装箱后背着走。行走前要检查仪器箱是否锁好，检查安全带是否系好。当测站之间距离较近，搬站时可将仪器连同三脚架一起靠在肩上，但仪器要尽量保持直立放置。

2. 搬站之前，应检查仪器与脚架的连接是否牢固，搬运时，应把制动螺旋略微关住，使仪器在搬站过程中不致晃动。

3. 测量坐标时应事先进行测距参数的设置。

4. 在太阳光照射下观测仪器，应给仪器打伞，并带上遮阳罩，以免影响观测精度。在杂乱环境下测量，仪器要有专人守护。当仪器架设在光滑的表面时，要用细绳（或细铅丝）将三脚架三个脚连起来，以防滑倒。

5. 当架设仪器在三脚架上时，尽可能用木制三脚架，因为使用金属三脚架可能会产生振动，从而影响测量精度。

六、学时分配

4 课时

七、实训结果

1. 实训内容总结

2. 原始记录数据

日期__________ 天气__________ 班级__________ 小组__________
仪器型号__________ 地点__________ 观测者__________ 记录者__________

<table>
<tr><td colspan="4">测站点名：______ 坐标：x=______ y=______ H=______ 仪器高：i=______
后视点名：______ 坐标：x=______ y=______ 镜高：L=______</td></tr>
<tr><td>测点点号</td><td>X</td><td>Y</td><td>Z</td></tr>
<tr><td></td><td></td><td></td><td></td></tr>
<tr><td colspan="4">测站点名：______ 坐标：x=______ y=______ H=______ 仪器高：i=______
后视点名：______ 坐标：x=______ y=______ 镜高：L=______</td></tr>
<tr><td>测点点号</td><td>X</td><td>Y</td><td>Z</td></tr>
<tr><td></td><td></td><td></td><td></td></tr>
<tr><td colspan="4">测站点名：______ 坐标：x=______ y=______ H=______ 仪器高：i=______
后视点名：______ 坐标：x=______ y=______ 镜高：L=______</td></tr>
<tr><td>测点点号</td><td>X</td><td>Y</td><td>Z</td></tr>
<tr><td></td><td></td><td></td><td></td></tr>
<tr><td colspan="4">测站点名：______ 坐标：x=______ y=______ H=______ 仪器高：i=______
后视点名：______ 坐标：x=______ y=______ 镜高：L=______</td></tr>
<tr><td>测点点号</td><td>X</td><td>Y</td><td>Z</td></tr>
<tr><td></td><td></td><td></td><td></td></tr>
<tr><td colspan="4">测站点名：______ 坐标：x=______ y=______ H=______ 仪器高：i=______
后视点名：______ 坐标：x=______ y=______ 镜高：L=______</td></tr>
<tr><td>测点点号</td><td>X</td><td>Y</td><td>Z</td></tr>
<tr><td></td><td></td><td></td><td></td></tr>
</table>

八、成绩评定

<table>
<tr><td rowspan="3">教师评定</td><td colspan="2">组长评定</td><td colspan="2">组员评定</td><td colspan="2">本人自评</td></tr>
<tr><td>能力</td><td>态度</td><td>能力</td><td>态度</td><td>能力</td><td>态度</td></tr>
<tr><td></td><td></td><td></td><td></td><td></td><td></td></tr>
</table>

实训课题二十二 全站仪测量坐标(后方交会建站)

一、实训目的与要求

1. 掌握全站仪利用已知坐标点交会建站的方法。

2. 掌握全站仪测量坐标的方法。

二、仪器和工具

全站仪1套、棱镜2组、记录板。

三、实训内容

利用两个已知的控制点位在学校测量训练基地范围内布设10～15个未知点,利用全站仪后方交会建站,测量该未知点坐标。

四、实训步骤

1. 人员分工

4人1组,1人司仪、1人操作棱镜(先后视、后前视)、1人记录、1人指挥。轮流进行各工种操作。

2. 场地布置

在距离两个已知的控制点 D_1、D_2 较远且不能直接通视的地方选择10～15个未知点。

3. 选择一个能直接看到两个已知的控制点 D_1、D_2,并能看到全部未知点的位置,打开仪器箱,整平全站仪,开机,在全站仪程序菜单中找到坐标测量程序,进行测站设置工作。

(1)测站设置:在全站仪程序中找到自由建站程序,输入测站点点号,输入第一个控制点的点号、坐标和棱镜高,如果事先已经把控制点坐标输入全站仪内存,全站仪会自动提取对应已知控制点的坐标和高程,确认后量取和输入仪器高。按测量键进行对控制点数据的测量工作。

(2)按下点,输入第二个控制点的点号、坐标和棱镜高,如果事先已经把控制点坐标输入全站仪内存,全站仪会自动提取对应已知控制点的坐标和高程,确认后量取和输入仪器高。按测量键进行对控制点数据的测量工作。

(3)按结果,全站仪会计算出测量误差和测站点的坐标值,你可以按确定键,利用该测站坐标值进行建站。显示根据坐标计算出后视方向的方位角值。

4. 测量步骤

分别在各未知点安置棱镜。瞄准各棱镜,按测量键或前视点测量功能,测量出各点的坐标值。

五、注意事项

1. 在选择测站点时一定要注意改点，要既能看到控制点又能看到测量点。

2. 在进行坐标输入时应注意点号和坐标要对应。

3. 测量坐标时应事先进行测距参数的设置。

4. 在太阳光照射下观测仪器，应给仪器打伞，并带上遮阳罩，以免影响观测精度。在杂乱环境下测量，仪器要有专人守护。当仪器架设在光滑的表面时，要用细绳（或细铅丝）将三脚架三个脚连起来，以防滑倒。

5. 当架设仪器在三脚架上时，尽可能用木制三脚架，因为使用金属三脚架可能会产生振动，从而影响测量精度。

六、学时分配

4 课时

七、实训结果

1. 实训内容总结

2. **原始记录数据**

日期__________ 天气__________ 班级__________ 小组__________

仪器型号__________ 地点__________ 观测者__________ 记录者__________

测站点名:________ 坐标:$x=$________ $y=$________ $H=$________ 仪器高:$i=$________

后视点1名:________ 坐标:$x=$________ $y=$________ 镜高:$L=$________

后视点2名:________ 坐标:$x=$________ $y=$________

测点	X	Y	H	测点	X	Y	H	测点	X	Y	H

八、成绩评定

教师评定	组长评定		组员评定		本人自评	
	能力	态度	能力	态度	能力	态度

实训课题二十三　利用全站仪进行建筑物定位测设

一、实训目的与要求

1. 掌握根据控制点和放样点的坐标关系确定全站仪建站的方法。
2. 掌握利用全站仪的坐标放样程序进行坐标放样。

二、仪器和工具

全站仪 1 套、单棱镜 1 组、对中杆 1 个、图纸 1 份、控制点资料 1 份。

三、实习内容

测区内有两个平面控制点，现在学校想在校内测量实训基地范围内修建一个六边形的花坛，花坛的拐点的平面坐标已经给出，现要求在地面上找到它们的位置并用木桩表示出来作为施工的依据。

四、实训步骤

1. 人员分工：4 人 1 组，1 人司仪、操作棱镜 1 人（先后视、后前视）、辅助定点 1 人、1 人记录。轮流进行各工种操作。

2. 熟悉图纸和控制点资料，根据图纸和控制点资料选择合适的建站位置（第一次采用常规建站，第二次采用后方交会法建站）。

3. 到达作业现场后，打开仪器箱，在已知控制点处架设全站仪，对中、整平全站仪，开机，在全站仪程序菜单中找到坐标放样程序，进行测站设置和定向工作。

（1）测站设置：输入测站点点号和坐标，如果事先已经把控制点坐标输入全站仪内存，全站仪会自动提取对应已知控制点的坐标和高程，确认后量取和输入仪器高。

（2）定向设置：输入后视点和坐标，如果事先已经把控制点坐标输入全站仪内存，全站仪会自动提取对应已知控制点的坐标和高程，输入后视点棱镜高，显示根据坐标计算出后视方向的方位角值。

（3）望远镜瞄准后视点棱镜，然后按测量键并确认，完成测站后视定向工作。

（4）定向起算边长的检核：使用全站仪内的坐标测量功能，测量后视点坐标，检查测站点或后视点是否有问题。

4. 开始放样工作

（1）放样点设置：输入放样点点号和坐标，如果事先已经把控制点坐标输入全站仪内存，全站仪自动提取对应已知控制点的坐标和高程，并显示放样点与测站点的方向和距离。

（2）按角度键，显示当前方向和放样方向之间的水平夹角，旋转照准部，当水平夹角

dHR=0°00′00″时，该方向为放样点方向，并锁定水平度盘，使用望远镜粗瞄，指导司镜员到达预定放样点方向上，通知司镜员面对仪器方向向左或向右移动棱镜杆。

(3)指导司镜员调整棱镜，使棱镜在望远镜视线以内，最终到达全站仪望远镜十字丝附近，然后测量距离，全站仪显示当前棱镜位置的前后偏距 dHD，并通知司镜员相对仪器延长/缩短的距离。

(4)接近放样点设计坐标位置处时，望远镜瞄准棱镜杆根部，指导司镜员调整方向，使得棱镜杆根部位于望远镜竖丝方向上，然后搏动竖直方向瞄准棱镜，再次测量距离，再次通知司镜员相对仪器延长/缩短的距离，直至最终放样点的方向和距离的偏距都满足放样精度要求。

(5)距离偏差 dHD 在 1cm 内时，确认并通知司镜员钉桩，观测员必须锁定水平度盘且关注钉桩的方向，钉桩时须指导钉桩人，确保让十字丝竖丝切在木桩的中心(保证方向)，以及木桩前后不能偏移过大(保证距离)；钉下木桩后，须在桩顶再次立好棱镜进行方向和距离的微调(如果位置不在桩顶面上，可以敲击木桩进行少量的调整，然后使用混凝土浇筑固定)；达到放样精度要求后，在木桩上钉下小钉子后再次架上棱镜。询问棱镜高，测站修改棱镜高后，进行测量并记录实际放样点的坐标和高程，可对比设计坐标和实际放样点的坐标，准确放样的话距离和方向的平面偏差不超过 5mm。

五、注意事项

1. 放样过程中，水平度盘始终锁定在放样点的方向上。
2. 测量员须指导司镜员来调整棱镜位置到达指定的方向。
3. 定桩过程中观测员必须锁定水平度盘且关注钉桩的方向。

六、学时分配

4 课时

七、实训结果

1 实训内容总结

2. **原始记录数据**

日期______________ 天气__________ 班级____________ 小组____________
仪器型号__________ 地点__________ 观测者__________ 记录者__________

测站点名:________ 坐标:x=__________ y=__________ H=________ 仪器高:i=________ 后视点名:________ 坐标:x=__________ y=__________ 镜高:L=________									
放样点	设计资料			放样数据			复核数据		
	X	Y	H	A	D	B	X	Y	H

八、成绩评定

教师评定	组长评定		组员评定		本人自评	
	能力	态度	能力	态度	能力	态度

实训课题二十四　全站仪的检验

一、实训目的与要求

1. 了解全站仪各轴线间应满足的几何关系。
2. 掌握全站仪常规检验项目的检验方法。

二、仪器和工具

全站仪 1 套、棱镜 1 组、记录板等。

三、实训内容

1. 管水准器的检验：
2. 练习圆水准器的检验。
3. 练习望远镜分划板的检验。
4. 练习视准轴与横轴的垂直度(2C)。
5. 练习竖盘指标零点自动补偿的检验。
6. 练习竖盘指标差(i 角)和竖盘指标零点设置的检验。
7. 练习光学对中器的检验与校正。

四、学时分配

2 课时

五、实训步骤

1. 管水准器的检验步骤

(1)松开水平制动螺旋，转动仪器使管水准器平行于某一对脚螺旋 A、B 的连线，再旋转脚螺旋 A、B，使管水准器气泡居中。

(2)将仪器绕竖轴旋转 90°，再旋转另一个脚螺旋 C，使管水准器气泡居中。

(3)再次将仪器旋转 90°，重复步骤(1)、(2)，直到四个位置上气泡居中为止。

2. 圆水准器的检验

管水准器检校正确后，若圆水准器气泡亦居中就不必校正。

3. 望远镜分划板的检验步骤

(1)整平仪器后在望远镜视线上选定一目标点 A，用分划板十字丝中心照准 A 并固定水平和垂直制动手轮。

(2)转动望远镜垂直微动手轮，使 A 点移动至视场的边沿（A'点）。

(3)若 A 点是沿十字丝的竖丝移动，即 A'点仍在竖丝之内的，则十字丝不倾斜不必校正；

如果 A'点偏离竖丝中心，则十字丝倾斜，需对分划板进行校正。

4. 视准轴与横轴的垂直度(2C)的检验步骤

(1)距离仪器同高的远处设置目标 A，精确整平仪器并打开电源。

(2)在盘左位置将望远镜照准目标 A，读取水平角（例：水平角 $L=10°13'10''$）。

(3)松开垂直及水平制动手轮中转望远镜，旋转照准部盘右照准同一 A 点（照准前应旋紧水平及垂直制动手轮），读取水平角（例：水平角 $R=190°13'40''$）。

(4)$2C=L-(R\pm180°)=-30''\geqslant\pm20''$，需校正。

5. 竖盘指标零点自动补偿的检验步骤

(1)安置和整平仪器后，使望远镜的指向和仪器中心与任一脚螺旋 X 的连线相一致，旋紧水平制动手轮。

(2)开机后指示竖盘指标归零，旋紧垂直制动手轮，仪器显示当前望远镜指向的竖直角值。

(3)朝一个方向慢慢转动脚螺旋 X 至 10mm 圆周距左右时，显示的竖直角由相应随着变化到消失出现“b”信息，表示仪器竖轴倾斜已大于 3′，超出竖盘补偿器的设计范围。当反向旋转脚螺旋复原时，仪器又复现竖直角，在临界位置可反复试验，观其变化，表示竖盘补偿器工作正常。

6. 竖盘指标差(i 角)和竖盘指标零点设置的检验步骤

(1)安置整平好仪器后开机，将望远镜照准任一清晰目标 A，得竖直角盘左读数 L。

(2)转动望远镜再照准 A，得竖直角盘右读数 R。

(3)若竖直角天顶为 0°，则 $i=(L+R-360°)/2$；若竖直角水平为 0°则

$i=(L+R-180°)/2$ 或 $i=(L+T-540°)/2$。

(4)若 $|i|\geqslant10''$则需对竖盘指标零点重新设置。

7. 光学对中器的检验步骤

(1)将仪器安置到三脚架上，在一张白纸上画一个十字交叉并放在仪器正下方的地面上。

(2)调整好光学对中器的焦距后，移动白纸使十字交叉位于视场中心。

(3)转动脚螺旋，使对中器的中心标志与十字交叉点重合。

(4)旋转照准部，每转 90°，观察对中点的中心标志与十字交叉点的重合度。

(5)如果照准部旋转时，光学对中器的中心标志一直与十字交叉点重合，则不必校正；否则需按下述方法进行校正。

8. 横轴误差的检验与校正步骤

(1)安置精确，整平好仪器，盘左精确照准距仪器约 50cm 处一目标 A。

(2)垂直转动望远镜 $i(10°<i<45°)$，精确照准另一目标 B。

(3)转动仪器，盘右精确照准同一目标 A，同样垂直转动望远镜 i，检查十字丝距 B 距离 D，$D\leqslant15''$。如 $D>15''$则需要进行校正。

六、注意事项

要按照实验步骤进行检验，确认检验无误后才能进行校正。

七、实训结果

1. **实训内容总结**

2. 原始记录数据

日期__________ 天气__________ 班级__________ 小组__________
仪器型号__________ 地点__________ 观测者__________ 记录者__________

(1)一般性检验

三脚架：________________
制动与微动螺旋：________________
望远镜成像：________________
照准部转动：________________
望远镜转动：________________
脚螺旋：________________
电池电量：________________
显示器状态：________________
棱镜及信号：________________

(2)圆水准器的检验

检验(旋转照准部 180°)次数	气泡偏离情况	检验结果

(3)水准管的检验

检验(旋转照准部 180°)次数	气泡偏离情况	检验结果

(4)十字丝竖丝的检验

检验次数	偏离情况	检验结果

(5)视准轴的检验

仪器位置	目标	盘位	水平度盘读数 (° ′ ″)	两倍视准轴误差 $2C$=左－(右±180°)	处理意见及方法	处理结果
		左				
		右				

(6)光学对中器的检验

光学对中器旋转照准部 180°投点结果	处理意见及方法	处理结果
B A C D		

(7)仪器加常数的检验

次数	仪器的位置	棱镜的位置	观测距离（10 次平均值）	计算 K 值 $K=D-(D_1+D_2)$	处理意见及方法	处理结果
1	A 点	B 点	$D=$			
	C 点	A 点	$D_1=$			
		B 点	$D_2=$			
2	A 点	B 点	$D=$			
	C 点	A 点	$D_1=$			
		B 点	$D_2=$			
3	A 点	B 点	$D=$			
	C 点	A 点	$D_1=$			
		B 点	$D_2=$			
K 值平均值 $\overline{K}=$						

八、成绩评定

教师评定	组长评定		组员评定		本人自评	
	能力	态度	能力	态度	能力	态度

实训课题二十五 全站仪道路中线放样

一、实验目的与要求

1. 掌握道路平面位置的组成。

2. 掌握道路平面位置的定位要素。

3. 掌握利用全站仪进行道路平面设计的方法。

4. 掌握全站仪道路定线测量的方法。

二、仪器和工具

全站仪 1 套、棱镜 1 组、对中杆 1 根、记录板、道路平面图纸一套。

三、实习内容

1. 根据线路施工图上线路的设计位置，找出线路的定位要素。

2. 根据施工测量工作的要求和全站仪道路定位放样程序，以及给出的施工图纸进行道路中线平面设计并进行道路中线位置的放样。

四、简要实习步骤

1. 熟悉设计图纸并根据设计图纸上道路的线路资料找出道路中线参数。

起点要素：起点里程、起点坐标、起始方向方位角。直线：直线的长度。圆曲线：曲线半径、曲线长度。缓和曲线：曲线半径、缓和曲线长度。

2. 到达作业现场后，打开仪器箱，在已知控制点处架设全站仪，对中整平全站仪，开机、在全站仪程序菜单中找到道路设计程序，利用线路中线参数进行道路设计。

3. 利用全站仪道路定线测量程序进行道路中桩和边桩放样。

(1)测站设置：输入测站点点号和坐标，如果事先已经把控制点坐标输入全站仪内存，全站仪会自动提取对应已知控制点的坐标和高程，确认后量取和输入仪器高。

(2)定向设置：输入后视点和坐标，如果事先已经把控制点坐标输入全站仪内存，全站仪会自动提取对应已知控制点的坐标和高程，输入后视点棱镜高，显示根据坐标计算出后视方向的方位角值。

(3)望远镜瞄准后视点棱镜，然后按测量键并确认，完成测站后视定向工作。

(4)定向起算边长的检核：使用全战仪内的后视点校核功能，测量后视点坐标，检查测站点或后视点是否有问题。

4. 开始放样工作。

(1)放样点设置：根据道路的资料和施工要求，设计放样点的起始位置、边桩间距和放样点的间隔距离，输入放样点桩号，全站仪自动提取对应放样点的坐标和高程，并显示放样点与测站点的方向和距离。

（2）放样点放样：按照全站仪坐标放样的方法定出放样点的位置，定出桩位并注明桩号，完成该桩号的放样工作。

（3）按 ESC 键返回到上一界面，按增加桩号或左右偏找到下一个放样点或边桩点，同理放出桩位。如果不是整桩号就直接输桩号。

五、注意事项

1. 曲线左右偏转利用半径的正负号来控制，正表示右偏。
2. 为了防止出现错误在定向完成后一定要进行后视点校核。
3. 图纸资料一定要认真查找，避免出错。

六、学时分配

4 课时

七、实习资料

1. 实习心得

2. **原始记录数据：**

日期＿＿＿＿＿＿ 天气＿＿＿＿＿＿ 班级＿＿＿＿＿＿ 小组＿＿＿＿＿＿

仪器型号＿＿＿＿＿ 地点＿＿＿＿＿ 观测者＿＿＿＿＿ 记录者＿＿＿＿＿

道路平面设计要素		起点资料：坐标和里程（ ）；直线：长度和方位角（ ） 圆曲线：半径和长度（ ）；缓曲：长度（ ）						
测站	后视点	放样点	设计坐标(m)		实测坐标(m)		偏差值(±mm)	
			X	Y	X	Y	ΔX	ΔY

八、成绩评定

教师评定	组长评定		组员评定		本人自评	
	能力	态度	能力	态度	能力	态度